理科をたのしく！

光と音の実験工作

① ピンホールカメラほか　〜光の性質を学ぼう〜

汐文社

はじめに

太陽に照らされると、まわりは明るくなりますね。真っ暗な部屋も、照明をつけると明るくなります。光に照らされて明るくなると、暗いときには見えなかった物が見えるようになります。このように、物を見るためには光が必要です。

この本では、さまざまな実験を通して、光の性質をたしかめます。

どの実験から始めてもかまいません。「おもしろそうだな」と思った実験を選んで、光にはどんな性質があるのか、学びましょう。

もくじ

この本の使い方

光には、まっすぐ進む性質がある①

2まいの鏡を使った万華鏡を作って、たしかめよう。

実験レベル
★★☆

工作時間
35分

用意するもの

- 工作用紙、2まい（A3）
- 鏡、2まい
  （15cm × 10cm くらい）
  ※鏡の大きさは、めやすだよ。
- 画用紙（黒）、2まい（A3）
- 折り紙など
- 両面テープ
- ガムテープ
- はさみ
- じょうぎ

ここで学ぶこと

光は、物に当たるまでまっすぐ進みます。光が物に当たってはね返ることを「反射」といいます。反射した光は、決まった方向に向きを変えて進みます。

2まいの鏡を使うと、1まい目の鏡に当たって反射した光は、2まい目の鏡に当たってふたたび反射します。そして、また1まい目の鏡に反射します。2まいの鏡の間でくり返し光が反射したときの様子をたしかめましょう。

6

実験レベル

緑色の★が多いほど、むずかしい実験をします。

工作時間

実験に使うものを作るために必要な時間のめやすです。時間内にできなくてもかまいません。あわてず、ていねいに作りましょう。

用意するもの

実験に必要な材料と、工作に使う道具をしょうかいしています。材料を用意するときは、大きさや数などをよくたしかめましょう。

ここで学ぶこと

実験を通して学ぶ、光の性質について説明しています。どんなことを学ぶのかたしかめてから、実験を始めましょう。

道具の使い方や実験に使うものを作るコツは、30・31ページを参考にしてね。

実験の方法

実験に使うものの作り方と、実験の方法です。説明をよく読んで、図をたしかめながら進めましょう。

「かんたん万華鏡」で実験

1 工作用紙を 16cm × 31cm の大きさに切り、------ にそって折り目をつける。

31cm
16cm　13cm　2cm
16cm
のりしろ

鏡のはばよりも少し長くする。
鏡の大きさに合わせて工作用紙の大きさを変えてね。

2 1と同じものをもう1まい作り、■の部分を切り取る。

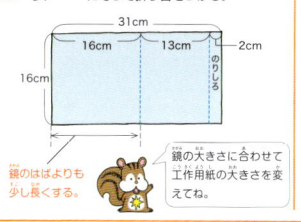

切り取る。
4cm
のりしろ
鏡をはるところ。

3 画用紙（黒）を、1・2の工作用紙と同じ形に切って、両面テープで下の図のようにはる。1の工作用紙ののりしろ部分を、図のように切り取る。

1の工作用紙（画用紙（黒）をはったもの）
鏡をはるところ。
切り取る。
4cm
のりしろ

2の工作用紙（画用紙（黒）をはったもの）
鏡をはるところ。
のりしろ

★の部分の長さは同じはずだよ。

4 2まいの工作用紙ののりしろに両面テープをはり、組み立てる。

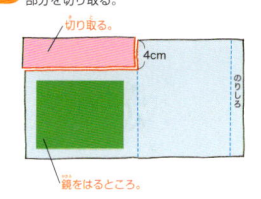

内側が黒くなるように。
1の工作用紙
2の工作用紙

5 4の内側に、鏡をはりつける。

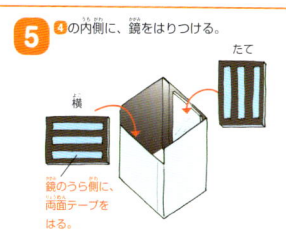

たて
横
鏡のうら側に、両面テープをはる。

7

光の性質を知ろう

この本では、さまざまな実験から光の性質を
さぐります。ここで、光の性質を見ていきま
しょう。

光は、いろいろな
方向に、まっすぐ
進んでいるね。

太陽やライトなど、光を放つもの
（光源）から出た光は、いろいろ
な方向に、それぞれまっすぐに進
みます。

→ 15, 18, 27 ページ

物に当たったら、
光がはね返った
よ！

光が物に当たると、物の表面ではね返
ります。このように、光がはね返るこ
とを「反射」といいます。

→ 6, 9, 12 ページ

水面で、
反射する光も
あるね。

光が水の中に入っ
たら、曲がったよ！

空気と水のように2つの物を
光が通りぬけるとき、光はそ
の境目で折れ曲がります。
このように、光が折れ曲がる
ことを「屈折」といいます。

→ 21, 24 ページ

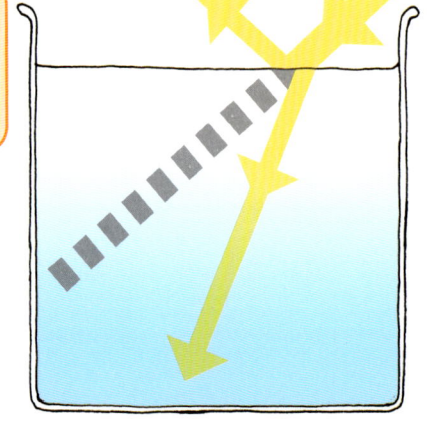

光がさえぎられて、かげができたね。

💡 光の道すじを物でさえぎると、物の後ろにかげができます。→ 15, 18 ページ

光がたくさん集まるところは、明るくてあたたかいね。

💡 光をたくさん集めると、明るさがまして、温度も上がります。

凸レンズってなんだろう

　虫めがねのレンズのように、真ん中がふくらんだ形のレンズを「凸レンズ」といいます。

　凸レンズを通った光は、内側に折れ曲がります。光が折れ曲がることで、どんなことが起きるでしょうか。

① 光を集める。
光が集まる点を焦点といいます。

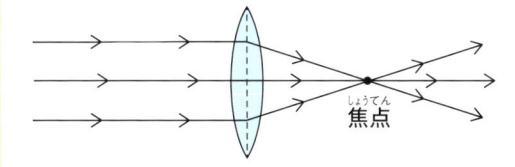

焦点

② 近くの物が大きく見える。

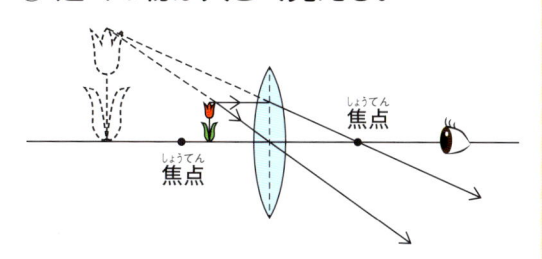

焦点　焦点

物体より大きく、同じ向きに見えます。

③ 遠くの物がさかさまに見える。

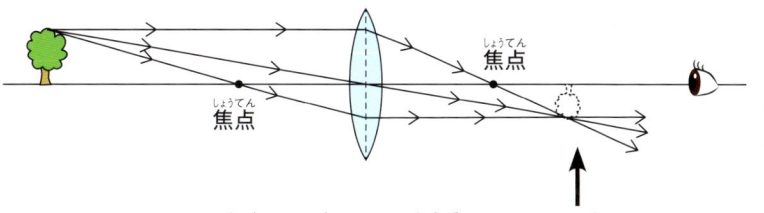

焦点　焦点

物体より小さく、上下さかさまに見えます。

凸レンズを使うときは、使い方に注意しよう。
凸レンズで太陽の光を集めると、温度が高くなって物がもえることがあるよ。

光には、まっすぐ進む性質がある①

2まいの鏡を使った万華鏡を作って、たしかめよう。

実験レベル ★★☆　工作時間 35分

用意するもの

- 工作用紙、2まい（A3）
- 鏡、2まい（15cm × 10cm くらい）
  ※鏡の大きさは、めやすだよ。
- 画用紙（黒）、2まい（A3）
- 折り紙など
- 両面テープ
- ガムテープ
- はさみ
- じょうぎ

 ## ここで学ぶこと

　光は、物に当たるまでまっすぐ進みます。光が物に当たってはね返ることを「反射」といいます。反射した光は、決まった方向に向きを変えて進みます。

　2まいの鏡を使うと、1まい目の鏡に当たって反射した光は、2まい目の鏡に当たってふたたび反射します。そして、また1まい目の鏡に反射します。2まいの鏡の間でくり返し光が反射したときの様子をたしかめましょう。

「かんたん万華鏡」で実験

1 工作用紙を 16cm × 31cm の大きさに切り、------- にそって折り目をつける。

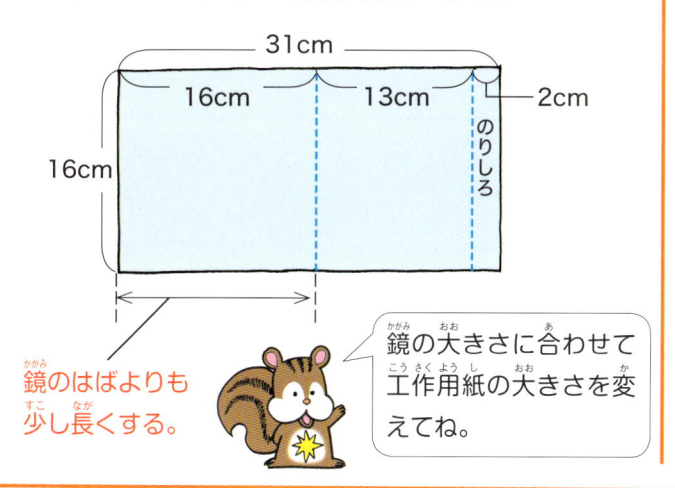

31cm
16cm　13cm　2cm
のりしろ
16cm

鏡のはばよりも少し長くする。

鏡の大きさに合わせて工作用紙の大きさを変えてね。

2 **1** と同じものをもう 1 まい作り、▨ の部分を切り取る。

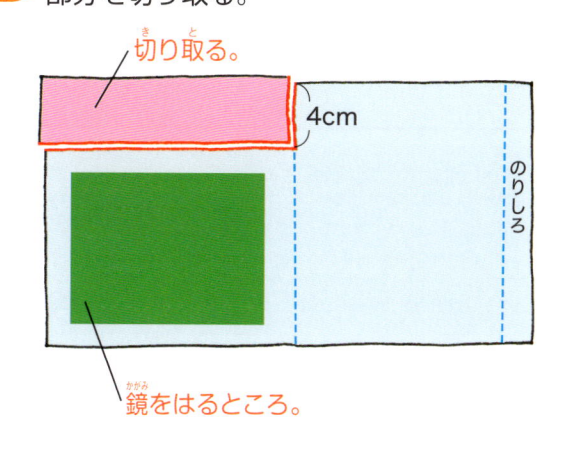

切り取る。
4cm
のりしろ
鏡をはるところ。

3 画用紙（黒）を、**1**・**2** の工作用紙と同じ形に切って、両面テープで下の図のようにはる。**1** の工作用紙ののりしろ部分を、図のように切り取る。

1 の工作用紙（画用紙（黒）をはったもの）

切り取る。
4cm
鏡をはるところ。
のりしろ
★

2 の工作用紙（画用紙（黒）をはったもの）

鏡をはるところ。
★
のりしろ

★の部分の長さは同じはずだよ。

4 2 まいの工作用紙ののりしろに両面テープをはり、組み立てる。

内側が黒くなるように。
1 の工作用紙
2 の工作用紙

5 **4** の内側に、鏡をはりつける。

たて
横
鏡のうら側に、両面テープをはる。

6 「かんたん万華鏡」の中に物を置いて、手前から鏡をのぞきこんでみよう。

りんごが、いっぱいならんでいるよ！

立体的な折り紙など、いろいろな物をかんたん万華鏡の中に置いて、見てみよう。

2まいの鏡で、もっと実験しよう！

2まいの鏡をガムテープではり合わせる。

ガムテープ

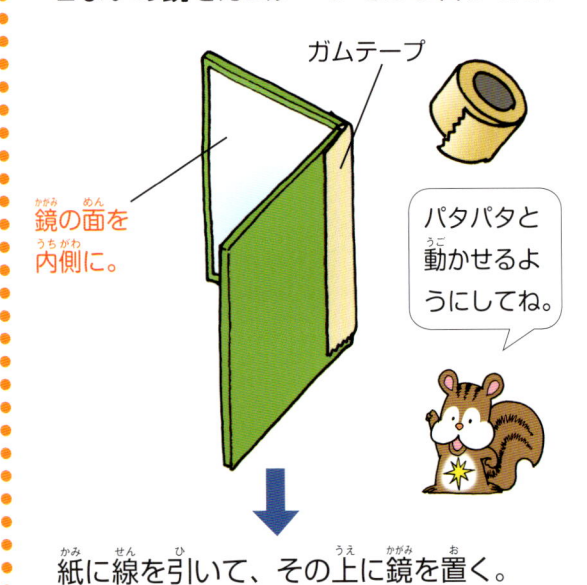

鏡の面を内側に。

パタパタと動かせるようにしてね。

いろいろな図形や絵を使って実験してみよう。どんなふうに見えるかな。

青い線の上に鏡を置いてみよう。どんな形になるかな？

紙に線を引いて、その上に鏡を置く。

鏡を少しずつとじてみよう。線の数は、どうなるかな。

光には、まっすぐ進む性質がある②

2まいの鏡を使った潜望鏡を作って、たしかめよう。

用意するもの

● 工作用紙、2まい（A3）
● 鏡、2まい
  （9cm × 6cm より小さいもの）
  ※ふたつきの鏡を使うときは、ふたが外れやすいものをえらんでね。
● 両面テープ
● セロハンテープ
● はさみ
● じょうぎ

 ## ここで学ぶこと

光が物に当たってはね返ることを「反射」といいます。ここでもその様子をたしかめます。光は物に当たるまでまっすぐ進み、反射した光は決まった方向に向きを変えて進みます。

2まいの鏡を使って光の方向を変え、見えないところにある物を見てみましょう。

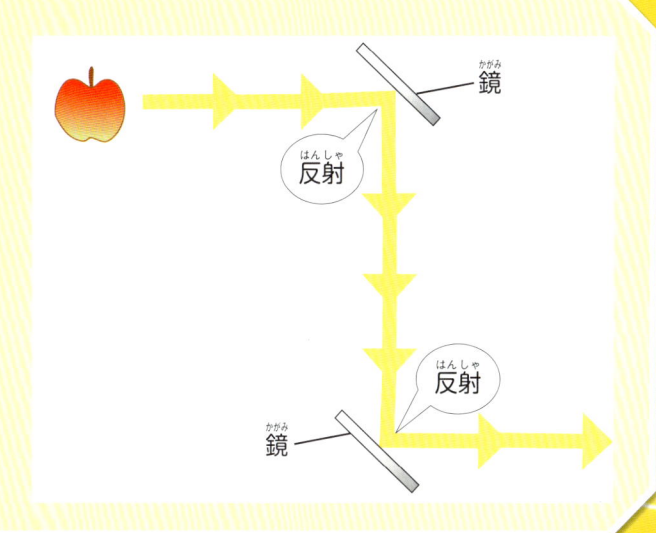

9

「潜望鏡」で実験

1 工作用紙を、30cm × 26cm の大きさに切り、図のように —— の部分に線を引く。

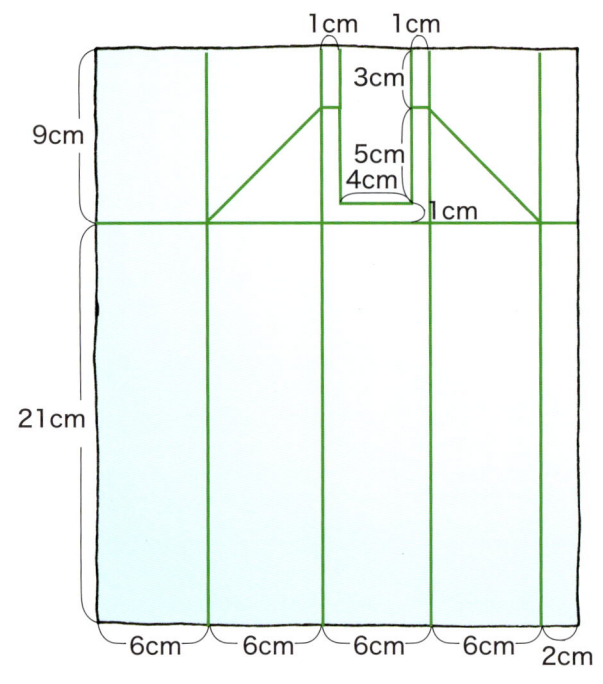

2 ▢ の部分を切り取る。

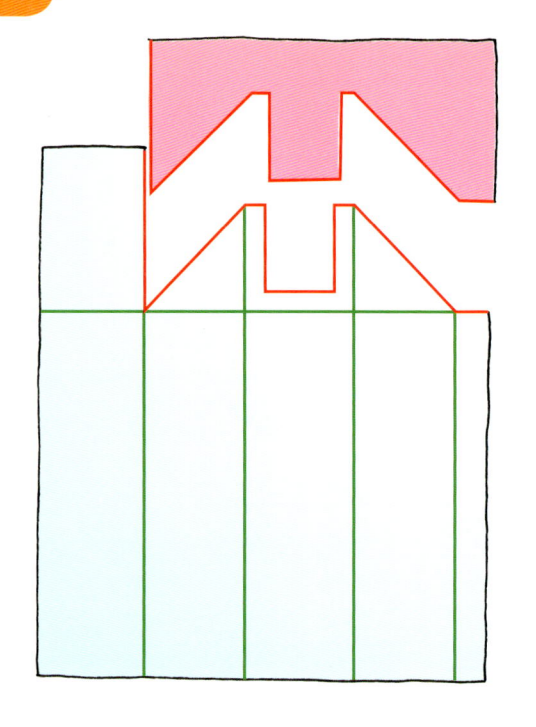

3 ----- の部分に折り目をつける。

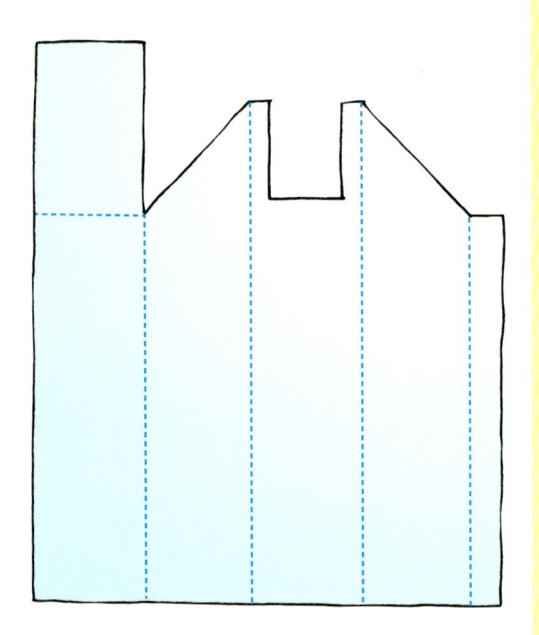

工作用紙を折るときは、ボールペンで線を何度か強くなぞってから、線にじょうぎを当てて折ると、きれいに折れるよ。

線をボールペンでなぞり、あとをつける。

線にじょうぎを当てて折る。

箱の形にしてみよう。きちんと組み立てられるかな。このときはまだ、はり合わせないでね。

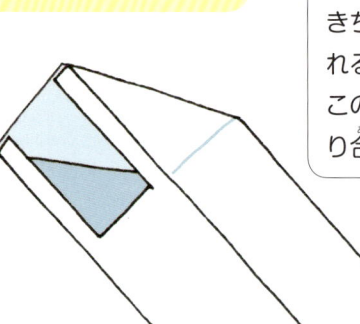

4 鏡のうら側に両面テープをはり、箱に鏡をはりつける。

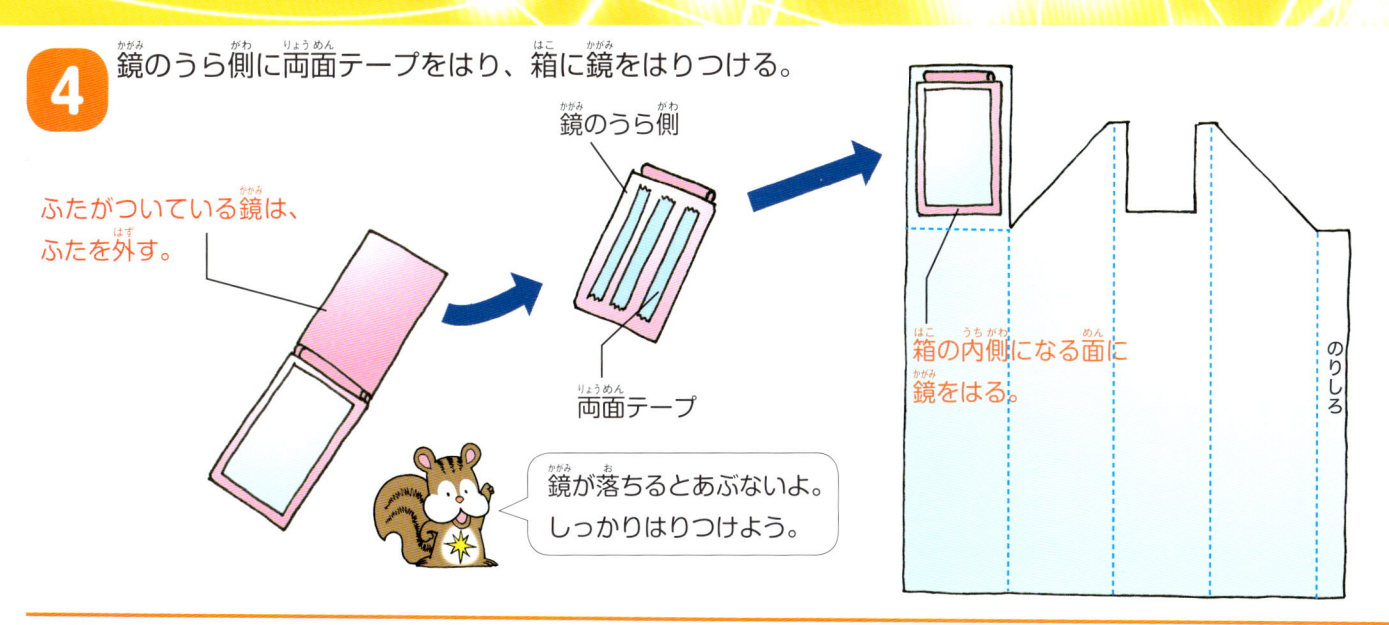

ふたがついている鏡は、ふたを外す。

鏡のうら側

両面テープ

箱の内側になる面に鏡をはる。

のりしろ

鏡が落ちるとあぶないよ。しっかりはりつけよう。

---

5 両面テープとセロハンテープを使って、箱を組み立てる。

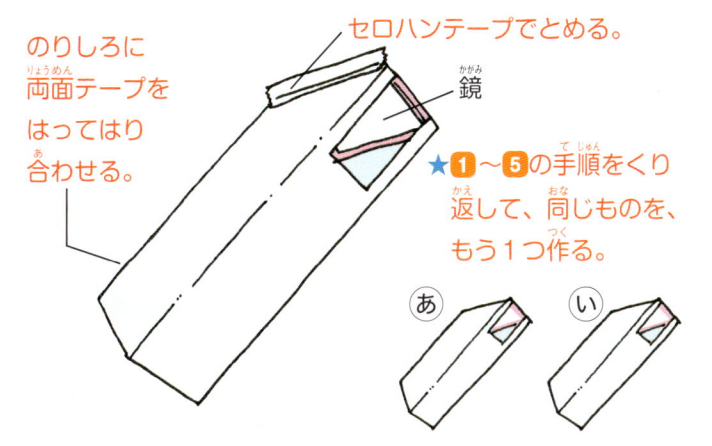

のりしろに両面テープをはってはり合わせる。

セロハンテープでとめる。

鏡

★**1**〜**5**の手順をくり返して、同じものを、もう1つ作る。

あ　い

---

6 あの箱に、2cmの切りこみを入れる。

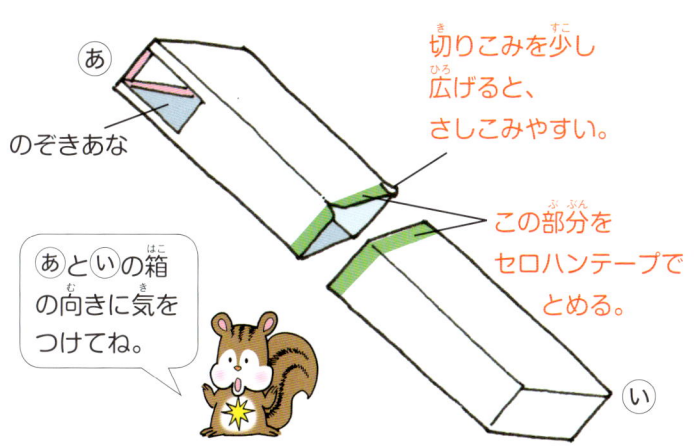

切りこみは、2か所に入れる。

---

7 あの箱にいの箱をさしこみ、セロハンテープでとめる。

あ

のぞきあな

切りこみを少し広げると、さしこみやすい。

この部分をセロハンテープでとめる。

あといの箱の向きに気をつけてね。

い

---

8 「潜望鏡」を使って、直接見えないものを見てみよう。

のぞきあなに顔を近づける。

ほかの人の家などをのぞいたりしてはいけないよ。

光は、決まった方向に反射する

とうめいな板と工作用紙で鏡を作って、たしかめよう。

用意するもの

- 工作用紙、1まい（A3）
- プラスチックシート、2まい（13cm × 11cm がとれるもの）
  ※プラスチックシートは、厚さ0.5mm くらいの、カッターで切れるものを用意してね。
- 色紙
- セロハンテープ
- 両面テープ
- カッター
- じょうぎ

 ## ここで学ぶこと

　光が物に当たってはね返る「反射」の実験を、もう1つしょうかいします。光は、物に当たるまでまっすぐ進みます。反射した光は、決まった方向に向きを変えて進みます。

　鏡が物をうつすのも、光を反射しているからです。光は、表面がなめらかな物に当たると決まった方向に反射します。光を通すとうめいな板と、光を通さない色紙を組み合わせて、鏡を作ってみましょう。

「ふしぎな鏡」で実験

1 工作用紙を 15.5cm × 26cm の大きさに切り、図のように ── の部分に線を引く。

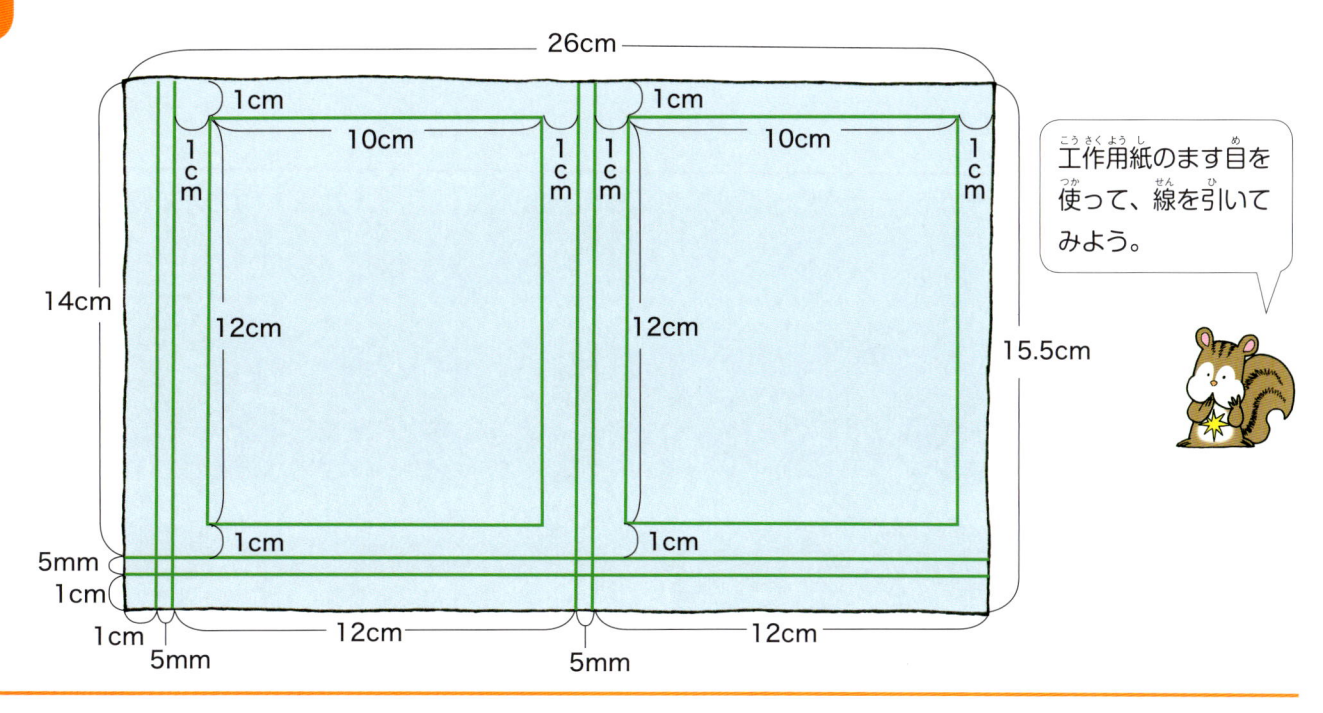

26cm

1cm
1cm
10cm
1cm
1cm
10cm
1cm

14cm
12cm
12cm
15.5cm

1cm
1cm

5mm
1cm
1cm
5mm
12cm
12cm
5mm

工作用紙のます目を使って、線を引いてみよう。

---

2 **1** の工作用紙の ▦ の部分を切り取り、┈┈ にそって折り目をつける。

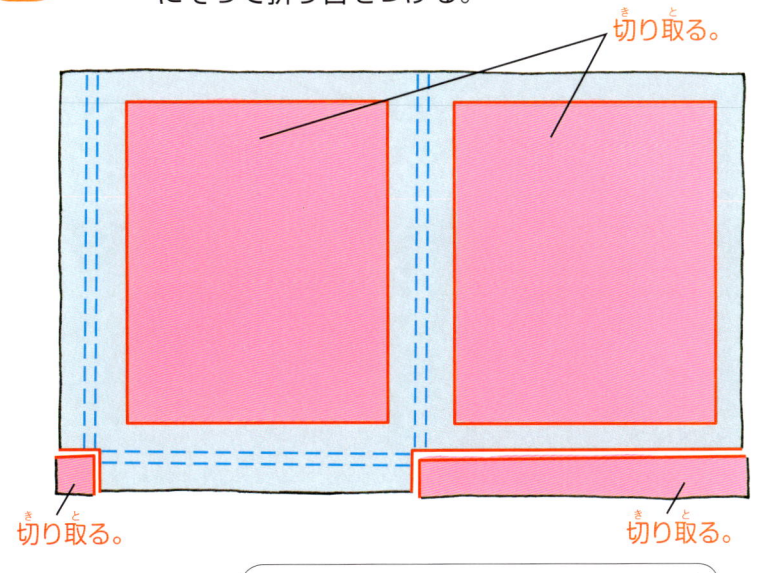

切り取る。

切り取る。

切り取る。

折り目をつけるときは、ボールペンで強くなぞってから、┈┈ にじょうぎを当てて折ると、きれいに折れるよ。

3 プラスチックシートを、13cm × 11cm の大きさに切る。同じものを、もう1まい作る。

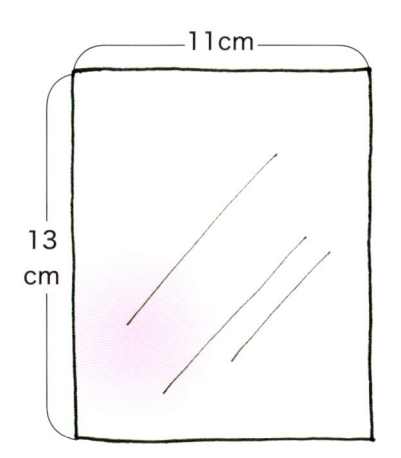

11cm

13cm

4 ❸のプラスチックシートを、セロハンテープで❷の工作用紙にはる。

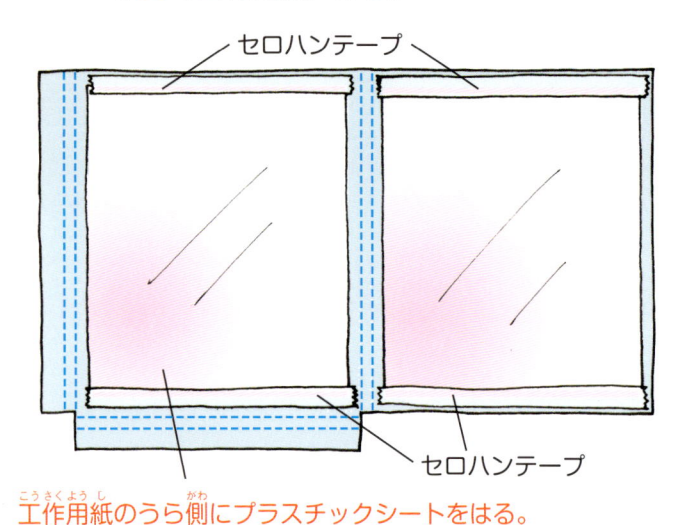

セロハンテープ

セロハンテープ

工作用紙のうら側にプラスチックシートをはる。

まわりを指で軽くおさえて、しっかりはり合わせよう。

5 ❹の工作用紙を折って、うすい箱の形に組み立てる。

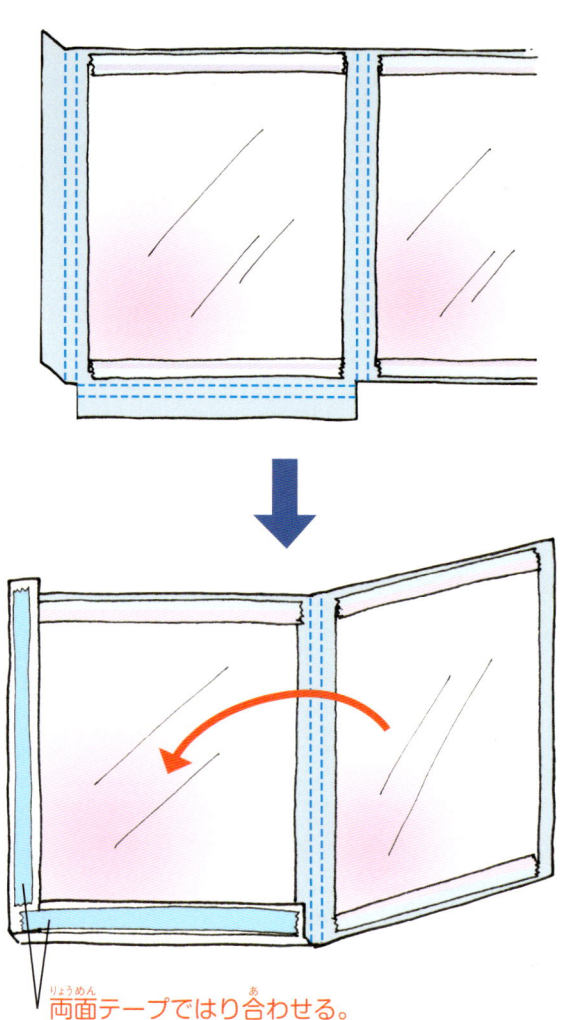

両面テープではり合わせる。

6 「ふしぎな鏡」を自分の顔の前に持ち上げる。

向こう側が見えるね。

明るい場所で実験しよう。

「ふしぎな鏡」に黒い色紙を入れると……。

自分の顔がはっきり見えたよ！

いろいろな色の色紙をふしぎな鏡に入れてみよう。色によって、見え方が変わるかな？

光の当て方を変えると、かげの形も変わる！

懐中電灯の光を当てて、かげの形をたしかめよう。

実験レベル
★☆☆

工作時間
40分

用意するもの

- 工作用紙、2まい（A3）
- 懐中電灯
  ※電球が1つだけついているものをえらんでね。
- 竹ぐし、1本
- マスキングテープ
- はさみ
- カッター　・じょうぎ

ここで学ぶこと

　光は、物に当たるまでまっすぐ進みます。そして、光の道すじのとちゅうに物があると、光はさえぎられて、その物の後ろにかげができます。

　物に光を当てる角度を変えると、光の道すじが変わり、かげの形も変わります。また、光が強いほど、かげは濃く見えます。懐中電灯の光でかげを作り、光の進み方をたしかめましょう。

12：00
かげが短い

16：00
かげが長い

「ぐんぐんかげぼうし」で実験

1 工作用紙を、20cm × 15cm の大きさ（2まい）、10cm × 8 cm の大きさ（1まい）に切り、それぞれ、「りんごの木」と「タワー」と「人」の形に切り取る。

りんごの木

15cm

20cm

切り取る。

りんごの形に切り取る。

——で切る。

タワー

15cm

20cm

2～4cm

下の部分は、2 ～ 4cm くらい切らないで残す。

切り取る。

人

8cm

10cm

2 **1**の工作用紙の下の部分に切りこみを入れて、----の部分で折る。

前側と後ろ側に折る。

ほかの2まいも、同じように切りこみを入れて折るよ。

3 工作用紙を 10cm × 20cm の大きさに切って作った台紙に、マスキングテープでりんごの木をはりつける。

マスキングテープ

★タワーと人も、同じように台紙にはりつける。

10cm

20cm

4 りんごの木の横に竹ぐしをはりつける。

マスキングテープではる。

竹ぐし

竹ぐしを持って、木をパタパタ動かしてみよう。

5 部屋を暗くして、りんごの木にななめ上から懐中電灯の光を当て、つくえの上にかげをうつす。

竹ぐしを持って、りんごの木をたおすと……。

ぐーん

光の当たる角度を変えたら、かげの長さが変わったよ。

6 タワーと人をならべて、手前から懐中電灯の光を当てて、かべにかげをうつす。

人を懐中電灯に近づけると……。

タワーの方が大きいね。

かべからのきょりは、同じ。

タワーの位置はそのまま。

懐中電灯に近づける。

人がタワーより大きくなっちゃった！

もっと実験しよう！ ―ゆらゆらかげぼうし―

ななめ上から懐中電灯の光を当てて、人のかげをつくえの上にうつし、懐中電灯をぐるぐると動かすと、どうなるかな。

懐中電灯は、円をえがくように動かそう。

懐中電灯を動かしたら、かげがゆらゆらダンスを始めたよ。

かげの向きや長さを観察すると、太陽の動きがわかる！

かげの向きを記録して、太陽の動きをたしかめよう。

実験レベル ★☆☆

工作時間 20分

用意するもの

- 段ボール
- 白い紙
- つまようじ
- はさみ
- コンパス
- ペン
- えんぴつ

 ここで学ぶこと

　太陽の光をさえぎる物があると、その物の後ろにはかげができます。太陽が動くと、かげも動きます。

　かげの向きや長さを時間ごとに観察すると、太陽の動きを知ることができます。これを利用したものが、日時計です。

　かげの動きを記録して、太陽がどのように動いているのかたしかめましょう。

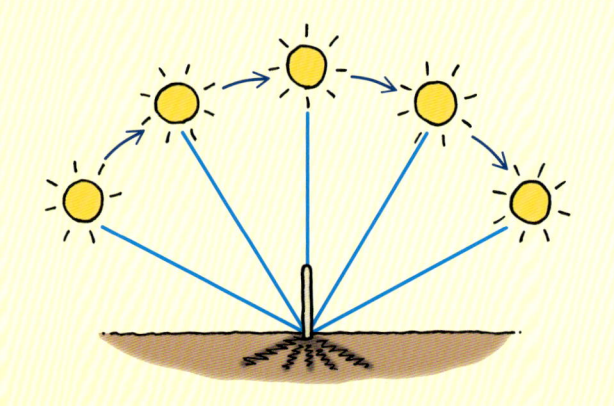

「日時計」で実験

1 段ボールを、直径 16cm の円形に切る。

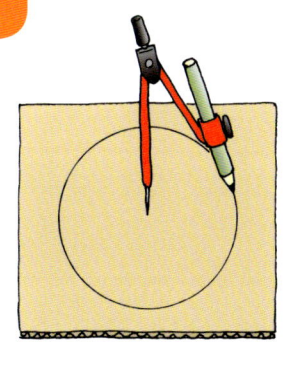 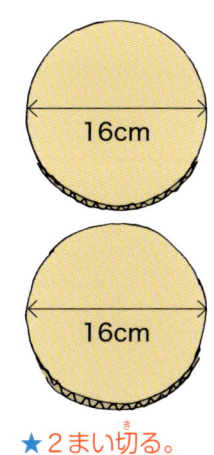

16cm

16cm

★2まい切る。

2 白い紙を、段ボールと同じ大きさに切る。

白い紙に段ボールを当てて、えんぴつで形をなぞろう。

3 段ボールと白い紙の中心に、それぞれあなをあける。

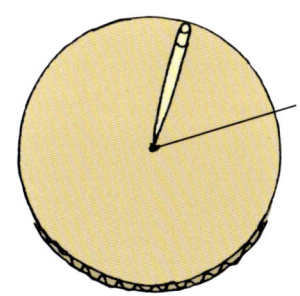

コンパスのはりをさしたあなにつまようじをさして、あなを広げる。

白い紙と段ボールを重ねて、白い紙の中心にもあなをあけよう。

あなの大きさ

○ つまようじが、ピタッととまる。

ピタッ

× つまようじが落ちてしまうときは、木工用ボンドでつける。

 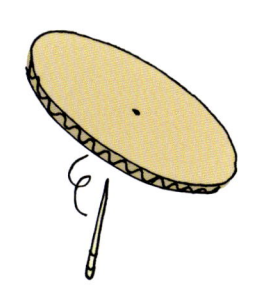

4 段ボール2まいと白い紙を重ねて、うら側からつまようじをさす。

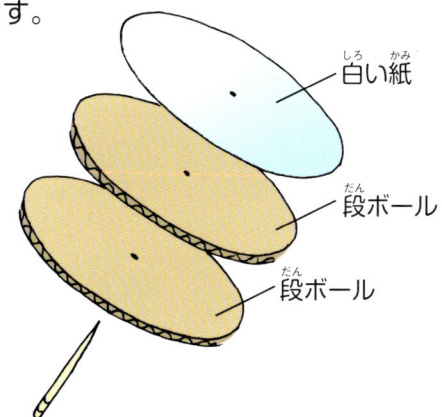

白い紙

段ボール

段ボール

日時計のできあがり。

5 「日時計」をひなたに置いて、つまようじのかげの先に印をつける。

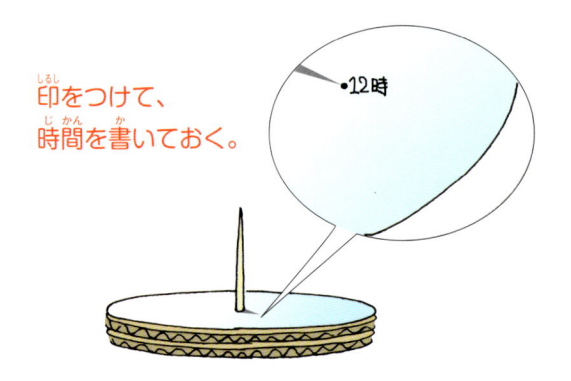

印をつけて、時間を書いておく。

•12時

6 1時間ごとに観察して、印と時間を書く。

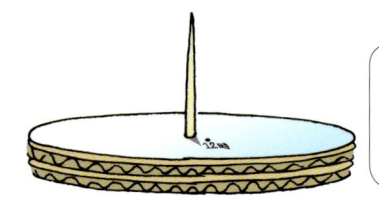

日時計の場所は、変えないでね。

注意！

観察するときは、太陽を直接見ないように気をつけよう。

7 観察が終わったら、白い紙を外して、印と中心、印と印を線で結ぶ。

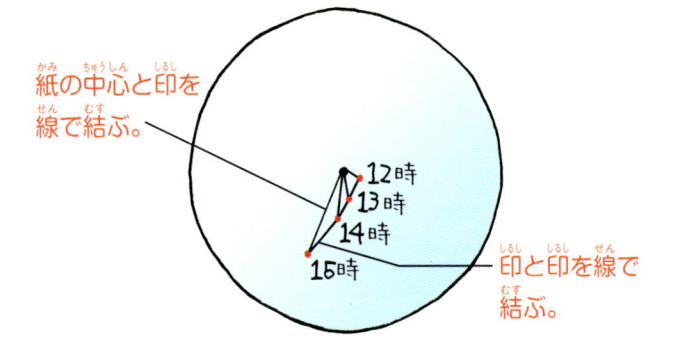

紙の中心と印を線で結ぶ。

12時
13時
14時
15時

印と印を線で結ぶ。

気づいたことを話し合おう

時間によって、かげの長さが変わっているね。なぜかな。

印と印を結んだ線の長さはどうかな。それぞれちがうかな。同じかな。

太陽の動きに合わせた住まいのくふう

まどの上についている「ひさし」。どんなはたらきがあるか知っているかな？

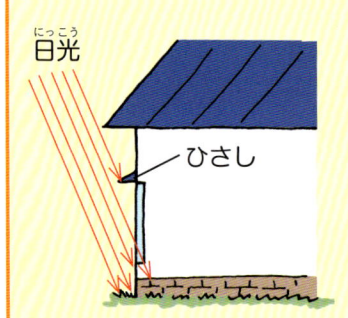

日光

ひさし

日光

ひさし

暑い夏は太陽の位置が高いので、日光はひさしにさえぎられて、部屋のおくまでとどきません。

そのため、すずしくすごすことができます。

寒い冬は太陽の位置が低いので、日光はひさしにさえぎられず、部屋のおくまでとどきます。

そのため、あたたかくすごすことができます。

「ひさし」には、季節に合わせて、部屋の中をすごしやすくするはたらきがあるよ。

凸レンズには、光の進む方向を変えるはたらきがある！

虫めがねと懐中電灯で映写機を作って、たしかめよう。

実験レベル ★★☆　工作時間 30分

用意するもの

- 虫めがね
- 懐中電灯
  ※電球が1つだけついているものをえらんでね。
- 牛乳パック、1こ（1Lのもの）
- 工作用紙、1まい（A4）
- プラスチックシート、1まい
- セロハン（赤・黄・緑）
- 油性ペン（黒・赤・青）
- マスキングテープ
- 両面テープ
- はさみ　　・カッター

ここで学ぶこと

虫めがねのレンズは、真ん中がふくらんでいます。このような形のレンズを凸レンズといいます。凸レンズを通りぬけた光は進む方向が変わります。

虫めがねを使って、光を集める凸レンズのはたらきをたしかめましょう。

光が集まる点を焦点といいます。

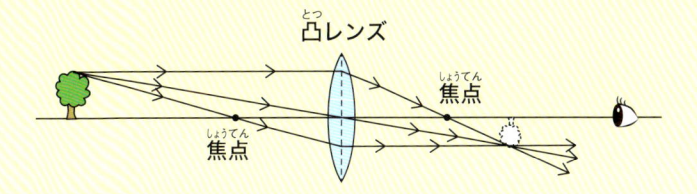

凸レンズ　焦点　焦点

「ミニミニシアター」で実験

1 牛乳パックの上の部分を開いて、4つの辺の――の部分を切る。

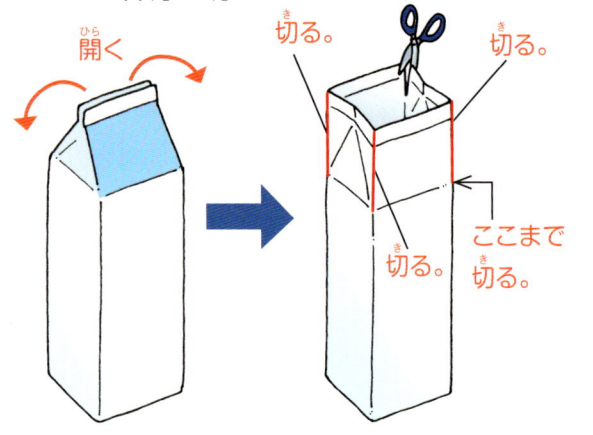

開く

切る。　　切る。

ここまで
切る。

切る。

2 切った部分を折って重ね、マスキングテープでとめる。

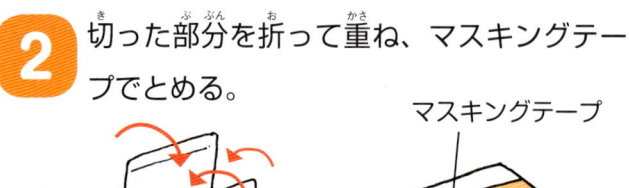
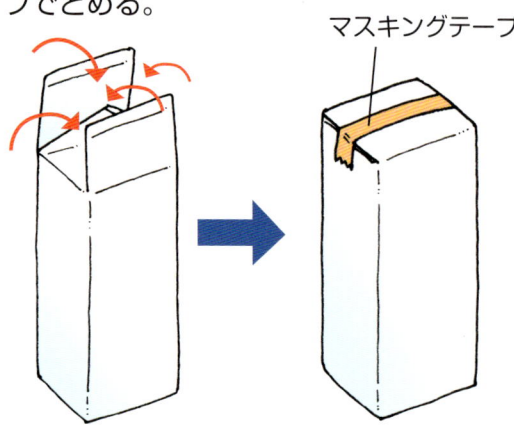

マスキングテープ

3 牛乳パックの下の部分に切りこみを入れる。

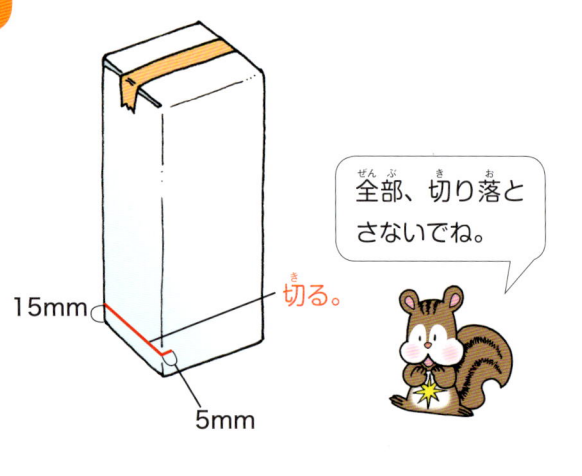

全部、切り落とさないでね。

15mm

切る。

5mm

4 工作用紙を 2cm × 6cm の大きさに切り、図のように三角形に折って、マスキングテープでとめる。

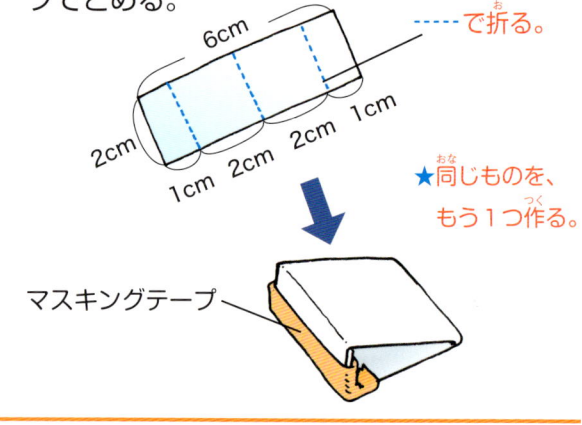

6cm

------で折る。

2cm

1cm　2cm　2cm　1cm

★同じものを、もう1つ作る。

マスキングテープ

5 牛乳パックの上に懐中電灯を置いて、懐中電灯が転がらないように **4** を置き、両面テープで **4** を牛乳パックにはりつける。

懐中電灯が、切りこみより前に出ないように置く。

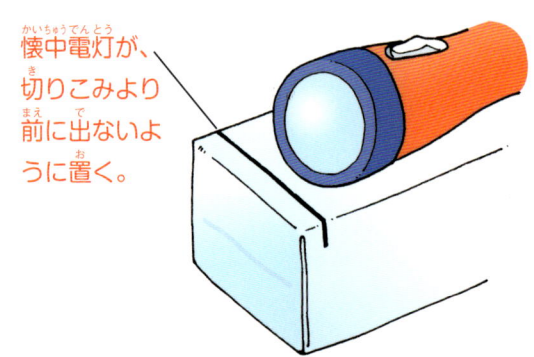

懐中電灯を両わきからささえられるように、両面テープで牛乳パックにはりつける。

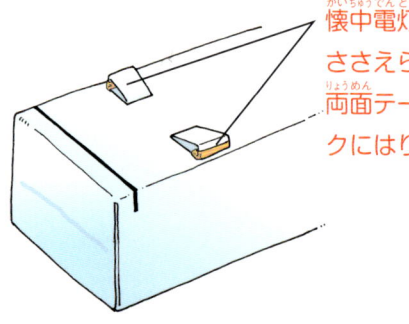

6 プラスチックシートを9cm×7cmくらいの大きさに切り、
セロハンや油性ペンを使ってすきな絵や文字をかく。

いろいろな
色を使って
みよう。

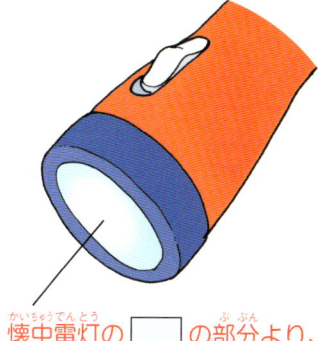

懐中電灯の □ の部分より、
絵や文字を小さくする。

---

7 **6**のプラスチックシートを、牛乳パックの
切りこみにさす。

プラスチックシートは、
上下さかさまにさす。

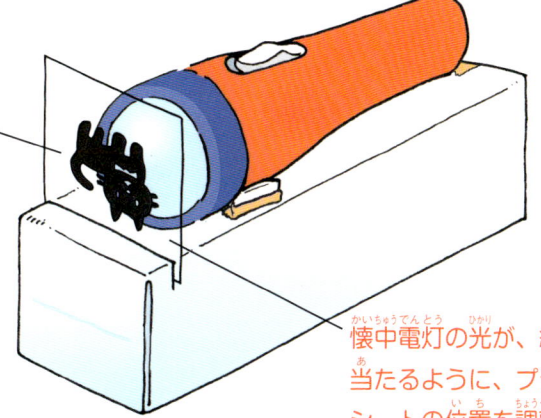

懐中電灯の光が、絵にうまく
当たるように、プラスチック
シートの位置を調整する。

プラスチックシート
をさしこんだら、部
屋を暗くしよう。

---

8 「ミニミニシアター」をかべに向けて
置き、懐中電灯をつける。

虫めがねを、プラスチックシートの
すぐ手前で持つ。

虫めがねを、少しずつプラスチック
シートからはなそう。

かべに絵が
うつったよ！

かべを見ながら、虫
めがねを動かそう。
かべの絵や文字が、
はっきり見えるよう
になるよ。

凸レンズには、物を大きく見せるはたらきがある！

虫めがねと老眼鏡のレンズで望遠鏡を作って、たしかめよう。

実験レベル ★★★

工作時間 35分

用意するもの

- 工作用紙、1まい（A3）
- 虫めがね（倍率2.0で、直径75mmくらいのもの）
- 老眼鏡（＋5.0のもの）
- セロハンテープ
- はさみ
- カッター
- じょうぎ

ここで学ぶこと

　凸レンズには、光の進む方向を変えるはたらきがあります。このはたらきを利用して、遠くの物を大きく見せる道具が、望遠鏡です。望遠鏡は、2つのレンズで光の進む方向を変えます。

　虫めがねと老眼鏡の凸レンズを使った望遠鏡は、遠くの物が大きく、上下さかさまに見えます。

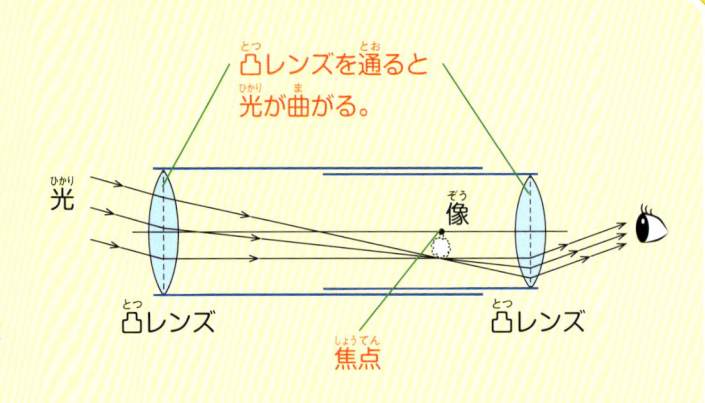

凸レンズを通ると光が曲がる。

光　　像

凸レンズ　　焦点　　凸レンズ

2つの凸レンズを使った望遠鏡のしくみ

24

「さかさま望遠鏡」で実験

1 工作用紙を 15cm × 25cm の大きさに切り、虫めがねのわくの大きさに合わせて丸め、つつを作る。

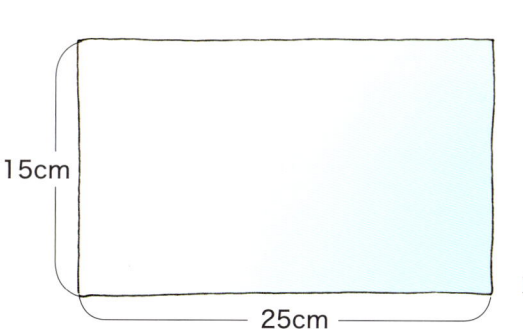

15cm

25cm

つつは、虫めがねより細めに作る。

工作用紙を虫めがねに当てて、つつの太さを決めよう。

15cm

セロハンテープでとめる。

2 **1**の工作用紙を、虫めがねにはりつける。

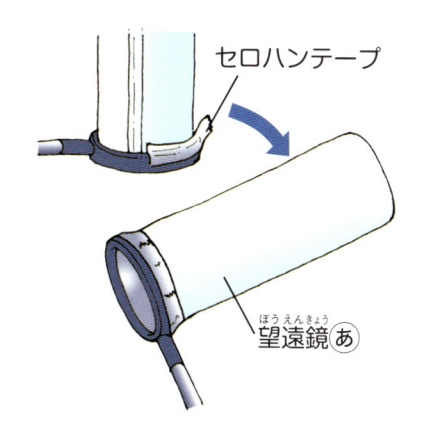

セロハンテープ

望遠鏡あ

3 工作用紙を 18cm × 20cm の大きさに切り、□の部分を切り取る。

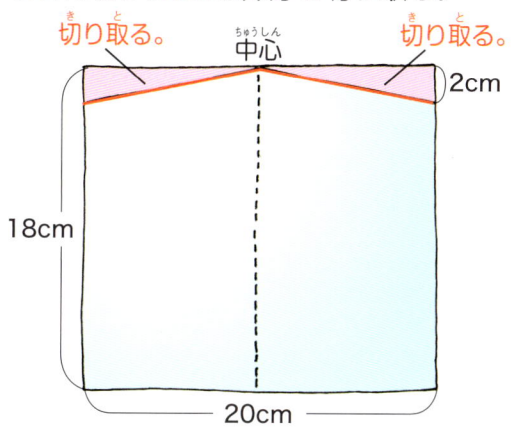

切り取る。　中心　切り取る。

2cm

18cm

20cm

4 **3**の工作用紙を、望遠鏡あよりも少し細めに丸めて、つつを作る。

3の工作用紙は出し入れしやすい太さに丸めよう。

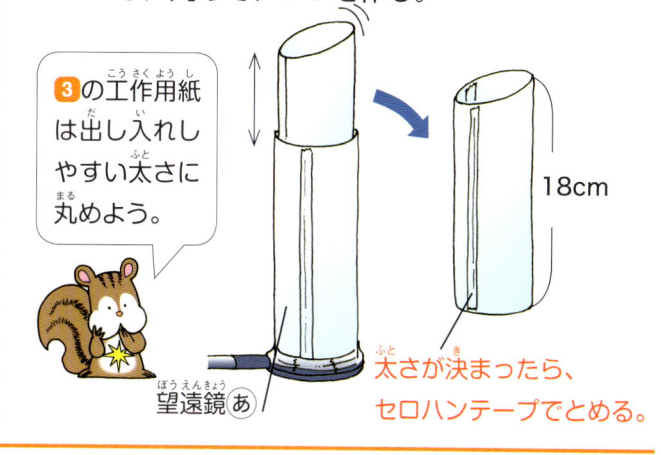

18cm

望遠鏡あ

太さが決まったら、セロハンテープでとめる。

5 **4**の太さに合わせて工作用紙を切る。

4のふちがななめになっている方を工作用紙に当てて、えんぴつでなぞる。

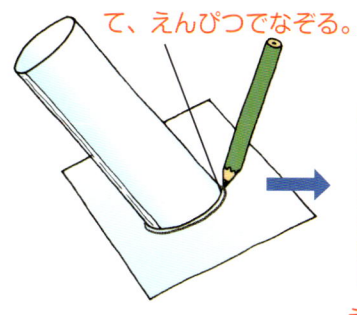

□の部分を切り取る。

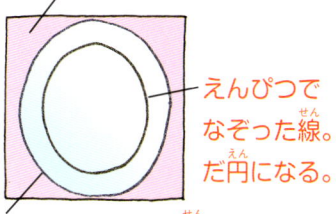

えんぴつでなぞった線。だ円になる。

えんぴつでかいた線より、2cm くらい大きなだ円をかく。

6 **5**の工作用紙にはさみで切りこみを入れ、えんぴつでなぞった線にそって折り目をつける。

切る前に、----をボールペンで強くなぞっておくと、あとで折りやすくなるよ。

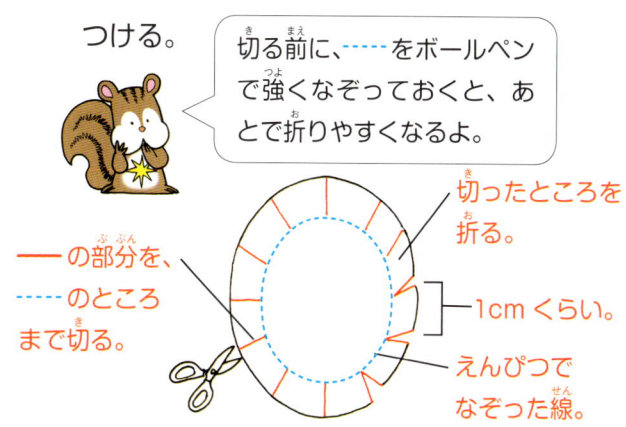

切ったところを折る。

——の部分を、----のところまで切る。

1cm くらい。

えんぴつでなぞった線。

7 **6** の工作用紙の中心に、2cmのあなをあける。

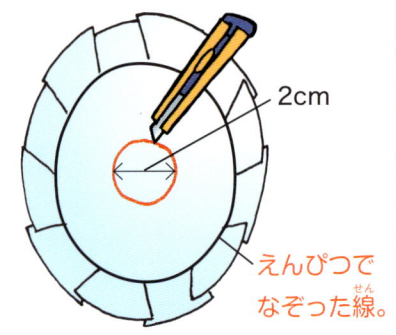

2cm

えんぴつでなぞった線。

8 老眼鏡からレンズを外して、2まいのレンズをはり合わせる。

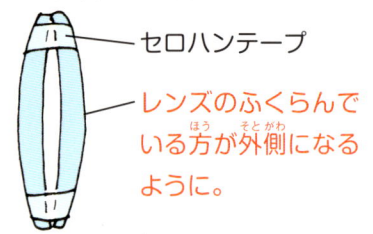

セロハンテープ

レンズのふくらんでいる方が外側になるように。

※レンズの取り外しはおとなの人に手伝ってもらいましょう。

9 **8** の老眼鏡のレンズを、**7** の工作用紙にはりつける。

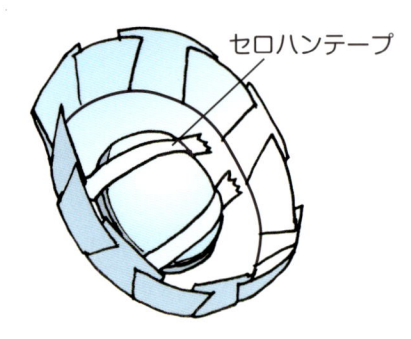

セロハンテープ

10 **9** を、**4** のつつにはりつける。

レンズをはりつけた方が内側になるように。

ふちがななめの方に、はりつける。

セロハンテープは少しずつはっていこう。

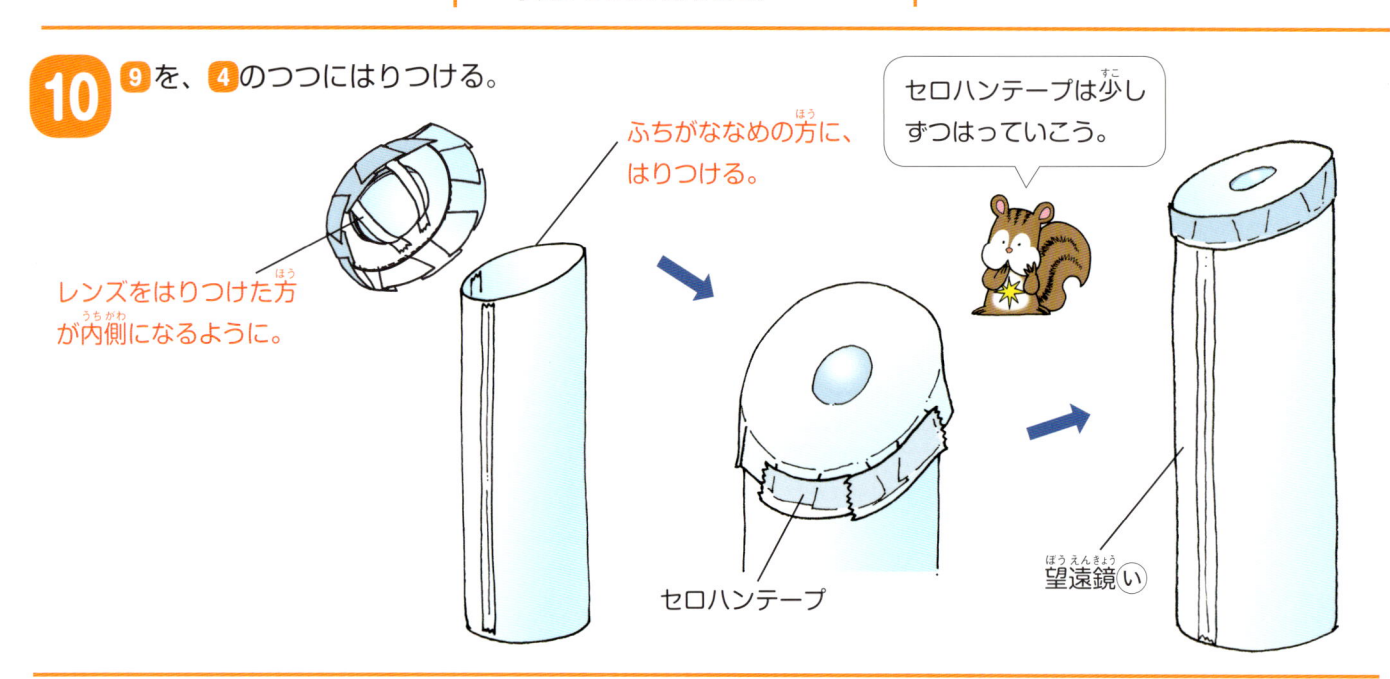

セロハンテープ

望遠鏡 い

11 望遠鏡 あ と望遠鏡 い を組み合わせる。

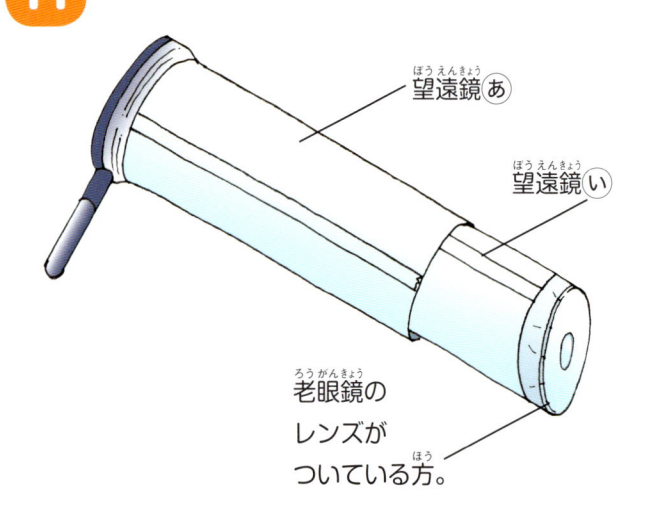

望遠鏡 あ

望遠鏡 い

老眼鏡のレンズがついている方。

12 「さかさま望遠鏡」で、まわりの景色を見てみよう。内側のつつを出し入れして、ピントを合わせよう。

注意！
太陽を直接見てはいけないよ。

小さなあなを通る光で、物をうつし出すことができる！

景色がさかさまに見えるピンホールカメラを作って、たしかめよう。

実験レベル ★★★

工作時間 35分

用意するもの

- 工作用紙、1まい（A3）
- 画用紙（黒）、1まい
- トレーシングペーパー、1まい
- アルミホイル
- つまようじ
- 両面テープ
- マスキングテープ
- はさみ　● じょうぎ

ここで学ぶこと

　ある場所から出た光は、あちこちに、それぞれまっすぐ進んでいきます。小さなあながあいた板で光をさえぎると、あなを通った光だけが板の向こうまでまっすぐ進みます。

　あなを通った光によって見える形をたしかめましょう。

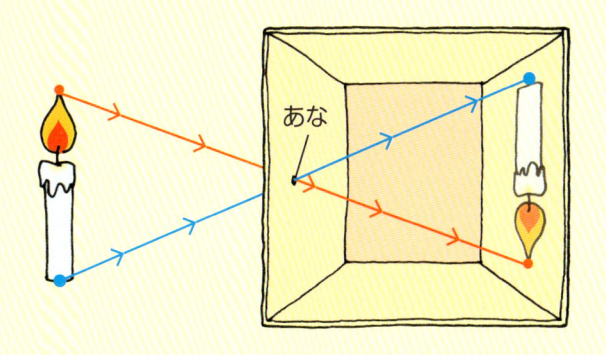

「ピンホールカメラ」で実験

1 工作用紙を 20cm × 20cm、16.5cm × 22cm の大きさに切り、------ にそって折り目をつける。

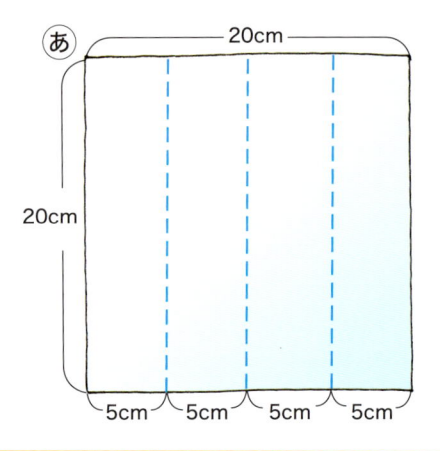

あ 20cm / 20cm / 5cm 5cm 5cm 5cm

い 22cm / 16.5cm / 5.5cm 5.5cm 5.5cm 5.5cm

2 画用紙（黒）を 20cm × 20cm の大きさに切る。

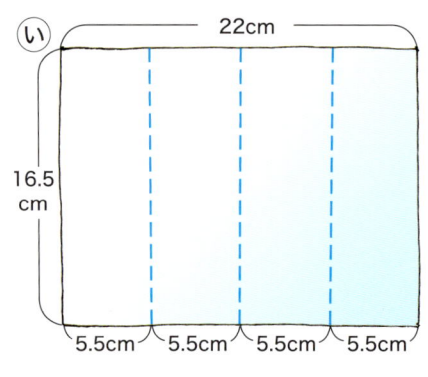

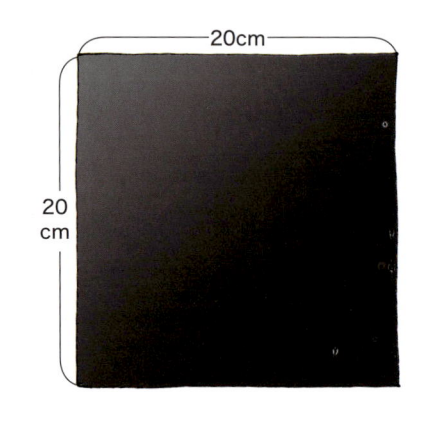

20cm / 20cm

3 あの工作用紙の折り目にそって両面テープをはり、画用紙（黒）とはり合わせる。

折り目に重ねないように、両面テープをはろう。

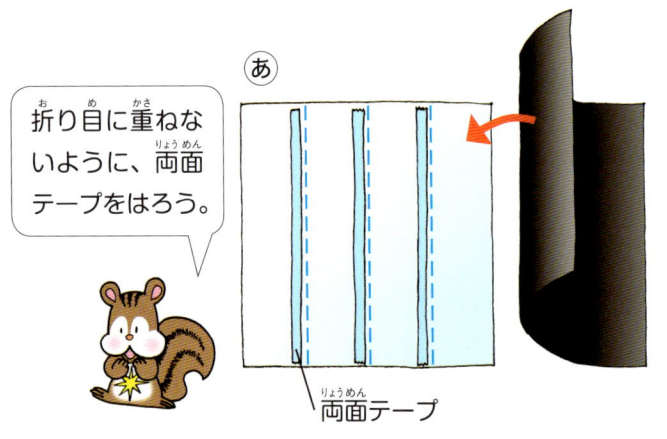

あ

両面テープ

4 3を組み立てて、マスキングテープでとめ、箱を作る。

20cm

内側が黒になるように。

マスキングテープ

5 トレーシングペーパーを 7cm × 7cm の大きさに切り、4の箱にはりつける。

マスキングテープ

トレーシングペーパーが、ぴんとはるように。

6 いの工作用紙を組み立てて、マスキングテープでとめ、箱を作る。

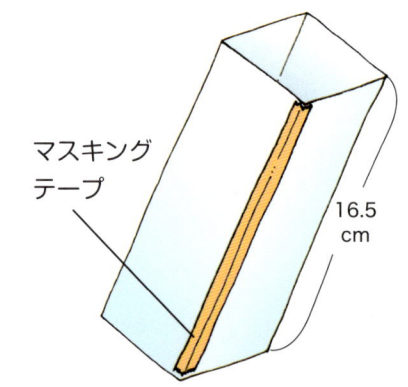

マスキングテープ

16.5cm

7 アルミホイルを 10cm × 10cm くらいの大きさに切り、**6** の箱にはりつける。

アルミホイルをつくえに置いて、箱をその上に立てると、はりやすいよ。

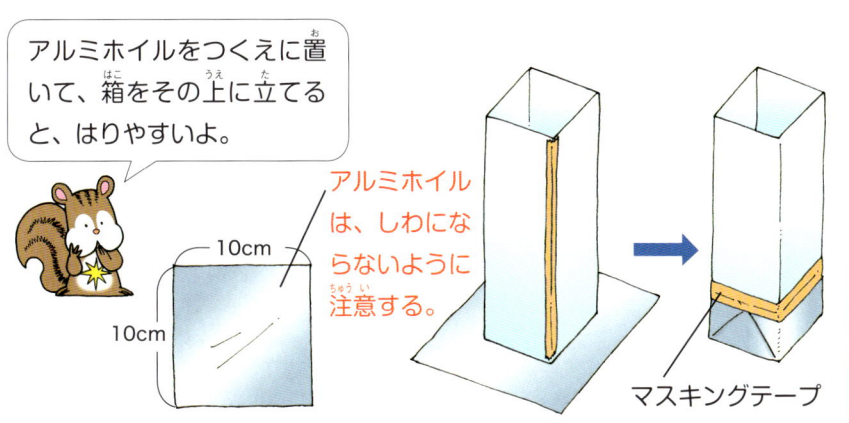

10cm
10cm

アルミホイルは、しわにならないように注意する。

マスキングテープ

8 アルミホイルに、つまようじであなをあける。

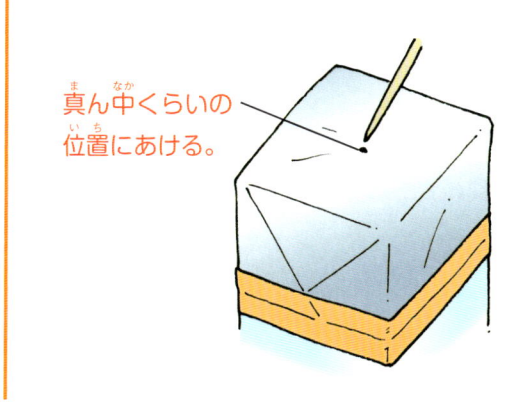

真ん中くらいの位置にあける。

9 2つの箱を組み合わせる。

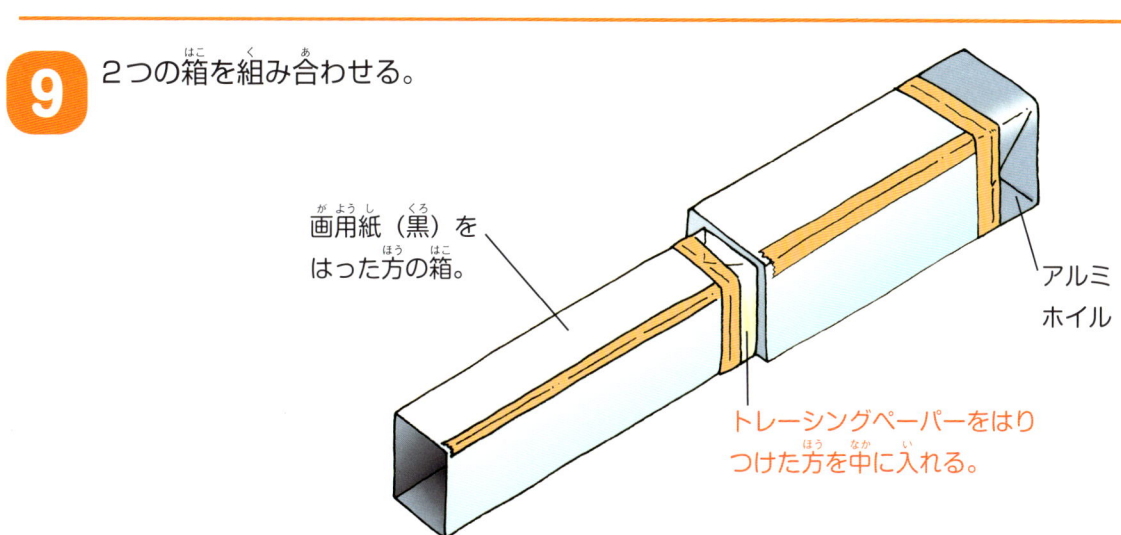

画用紙（黒）をはった方の箱。

アルミホイル

トレーシングペーパーをはりつけた方を中に入れる。

10 ピンホールカメラで、まわりの景色を見てみよう。トレーシングペーパーには、どんな景色がうつるかな。

小さなあなだから、物がぼやけずにはっきり見えるんだよ。

明るい場所の方が、よく見えるよ。天気が良い日は外でためしてみよう。

注意！
外で実験するときは、まわりに気をつけてね。車が通る場所などはあぶないよ。

さかさまに見えた！

工作の材料

●懐中電灯

懐中電灯は、持ち運びができる電灯です。この本では、電球が1つついた懐中電灯を使います。

電球が1つだけついたものを使う。

電球が2つ以上ついたものは使わない。

●プラスチックシート

プラスチックのうすい板です。カッターやはさみで切ることができます。この本では、色がついていないとうめいなものを使います。

●工作用紙

おもて面に、ます目とめもりが印刷されているので、工作に便利です。あつみのある画用紙でも代用できます。

●竹ぐし

料理に使う、竹でできたくしです。かた方の先がとがっているので、使うときはけがをしないように注意しましょう。

●虫めがね

凸レンズを使って、物を大きく見せる道具です。どのくらい大きく見せることができるかは、「倍率」でしめされています。工作に使う虫めがねを用意するときは、指定があれば「2.0倍」「×2.0」などとしめされた数字をたしかめて、その虫めがねを用意しましょう。

工作の道具

●はさみ・カッター

はさみとカッターは、紙などを切るときに使います。どちらも、使うときは手を切らないように注意しましょう。また、はさみやカッターの刃を人に向けてはいけません。使い終わったら、はさみの刃はとじて、カッターの刃はしまってからかたづけるようにしましょう。

使い終わったら……

はさみの刃をとじる。

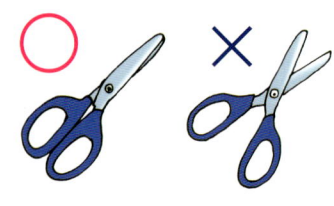

カッターの刃をしまう。

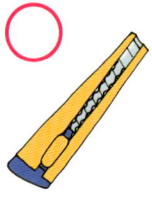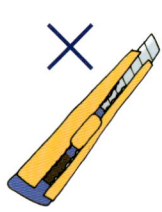

●セロハンテープ・マスキングテープ・両面テープ

セロハンテープはマスキングテープよりもはがれにくいので、しっかりはりつけたいときはセロハンテープを使います。はり直したりするときは、はがしやすいマスキングテープの方が便利です。両面テープは、テープのおもてとうらにのりがついているテープです。

工作のコツ

●かたい紙の折り方

かたい紙を折るときは、ボールペンで折り目をつけておくと上手に折れます。

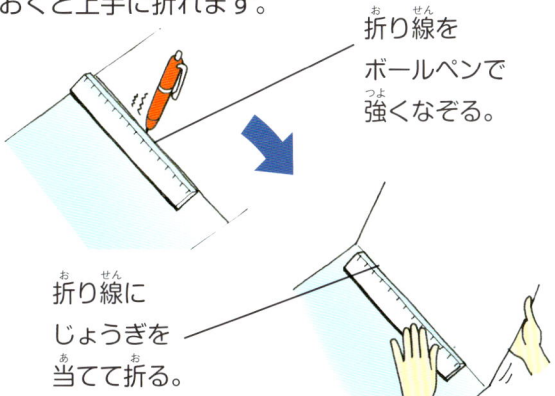

折り線を
ボールペンで
強くなぞる。

折り線に
じょうぎを
当てて折る。

●カッターの使い方

カッターを使うときは、手を切らないように注意しましょう。

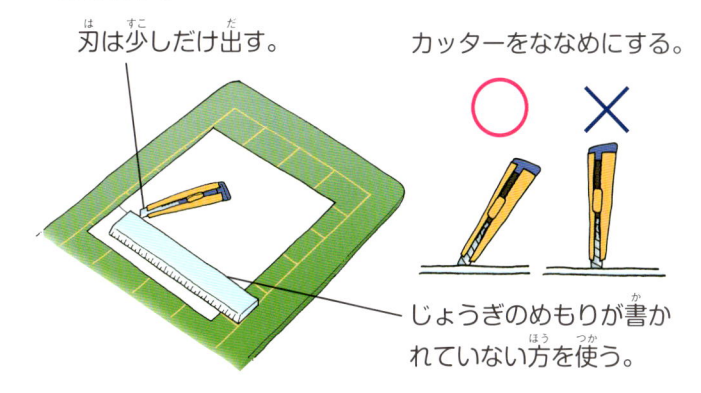

刃は少しだけ出す。

カッターをななめにする。

○　×

じょうぎのめもりが書かれていない方を使う。

★ 注意！ ★

●虫めがねを使うとき

虫めがねには、光を集めるはたらきがありますが、集めた光を物に当ててはいけません。虫めがねで集めた光が当たっている場所は、とても熱くなるので、きけんです。

●鏡を使うとき

外で鏡を使うときは、光の反射に注意しましょう。反射させた光を人の顔に向けてはいけません。強い光は、目をいためることがあります。

●太陽を直接見ない

「日時計」を使って太陽の動きを観察するときは、直接、太陽を見ないようにしましょう。「さかさま望遠鏡」でも太陽を見てはいけません。

さくいん

監修 ● 平野弘之（神奈川県立厚木清南高等学校理科総括教諭）
　　　　堀亨（学校法人市川学園市川高等学校理科教諭）
　　　　森弘之（千葉県立佐倉高等学校理科教諭）

編集 ● ニシ工芸株式会社（佐々木裕・渋沢瑶）
　　　　有限会社アクト（清郁美）

工作協力 ● ニシ工芸株式会社（岩間佐和子）

イラスト ● 福本えみ

モデル ● 張本一景
　　　　八高凛衣

撮影 ● 光スタジオ（古屋洋一郎）

デザイン・DTP ● ニシ工芸株式会社（岩間佐和子）

担当編集 ● 門脇大

参考文献
『音が出るおもちゃ＆楽器あそび』いかだ社
『科学あそび大図鑑』大月書店
『ちょこっとできるびっくり！　工作』偕成社
『はじめての手づくり科学あそび』アリス館
『100円ショップで手作り楽器』シンコーミュージック・エンタテイメント
『びっくり！　おもしろ光遊び』チャイルド本社

理科をたのしく！光と音の実験工作
①ピンホールカメラほか 〜光の性質を学ぼう〜

2018年9月　初版第1刷発行

発行者　小安宏幸
発行所　株式会社汐文社
〒102-0071
東京都千代田区富士見 1-6-1
TEL 03-6862-5200
FAX 03-6862-5202
https://www.choubunsha.com/
印刷　新星社西川印刷株式会社
製本　東京美術紙工協業組合

ISBN 978-4-8113-2496-8